FwDV 8
Feuerwehr-Dienstvorschrift 8
Stand: März 2002

Tauchen

Verlag W. Kohlhammer
Deutscher Gemeindeverlag

Anmerkung der Projektgruppe FwDV:
Diese Dienstvorschrift wurde vom Ausschuss Feuerwehrangelegenheiten, Katastrophenschutz und zivile Verteidigung (AFKzV) auf der 8. Sitzung am 6.3.2002 genehmigt und den Ländern zur Einführung empfohlen.

Satz und Druck:
W. Kohlhammer Deutscher Gemeindeverlag GmbH
Mit freundlicher Genehmigung des Ausschusses
Feuerwehrangelegenheiten, Katastrophenschutz
und zivile Verteidigung (AFKzV)

© 2004, erstmals 2002 · W. Kohlhammer Deutscher Gemeindeverlag GmbH
Verlagsort: Stuttgart · Buch-Nr.: FD 0/8
ISBN 3–555–01325–4

Inhaltsverzeichnis

1	**Allgemeines**	5
1.1	Geltungsbereich	5
1.2	Stufen des Feuerwehrtauchens	6
2	**Anforderungen an Feuerwehrtaucher**	7
3	**Verantwortlichkeiten und Aufgabenverteilung**	9
4	**Ausrüstung**	12
4.1	Mindestausrüstung	12
4.2	Weitergehende Ausrüstung	13
4.3	Notfallausrüstung	13
5	**Ausbildung, Fortbildung und Prüfung**	14
5.1	Ausbildung allgemein	14
5.2	Theoretische Ausbildung	15
5.3	Praktische Ausbildung	17
5.4	Prüfung der Feuerwehrtaucher	19
5.5	Feuerwehrlehrtaucher	21
5.6	Anerkennung gleichwertiger Ausbildungen	22
5.7	Fortbildung	22
5.8	Wiederverwendung	23
5.9	Tauchdienstbuch	23
6	**Taucheinsatz**	24
6.1	Kräfte für den Taucheinsatz	24
6.2	Einsatzleiter	24
6.3	Taucheinsatzführer	24
6.4	Feuerwehrtaucher	25

6.5	Sicherheitstaucher	25
6.6	Signalmann	26
6.7	Einsatzgrundsätze	26
6.8	Notfallmaßnahmen	29
7	**Instandhaltung der Tauchausrüstung**	30
7.1	Allgemeines	30
7.2	Monatlich durchzuführende Arbeiten	31
7.3	Halbjährlich durchzuführende Arbeiten	31
8	**Lagern und Gerätenachweis**	32
8.1	Lagern	32
8.2	Gerätenachweis	32

Anhang		33
Anlage 1	Begriffsbestimmungen und technische Anforderungen	35
Anlage 2	Leinenzugzeichen	39
Anlage 3	Austauchtabellen	40
Anlage 4	Anerkennung vergleichbarer Ausbildung	53
Anlage 5	Hinweise für die Bildung eines Prüfungsausschusses	54

1 Allgemeines

1.1 Geltungsbereich

Die Feuerwehr-Dienstvorschriften gelten für die Ausbildung, die Fortbildung und den Einsatz.
Die Feuerwehr-Dienstvorschrift 8 »Tauchen« soll eine einheitliche, sorgfältige Ausbildung, Fortbildung und einen sicheren Einsatz mit Tauchgeräten sicherstellen sowie die Voraussetzungen für eine erfolgreiche und unfallsichere Verwendung von Tauchgeräten schaffen. Sie enthält die Anforderungen an Feuerwehrtaucher und an deren Ausbildung sowie Vorgaben für Handhabung, Pflege und Wartung der Tauchgeräte.

Neben der Feuerwehr-Dienstvorschrift sind insbesondere zu beachten
– Unfallverhütungsvorschriften sowie die dazu ergangenen Durchführungsanweisungen und Erläuterungen
– Prüf- und Zulassungsrichtlinien sowie einschlägige technische Regeln
– Technische Unterlagen der Hersteller, die Grundlage des Prüfungs- und Zulassungsverfahrens sind.

Diese Feuerwehr-Dienstvorschrift regelt das Tauchen von Feuerwehrtauchern mit autonomen und schlauchversorgten Leichttauchgeräten bei öffentlichen Notständen und besonderen Notlagen nach den Landesbrandschutzgesetzen.
Die Funktionsbezeichnungen gelten sowohl für weibliche als auch für männliche Feuerwehrangehörige.

1.2 Stufen des Feuerwehrtauchens

In Abhängigkeit von den in den Gewässern zu erwartenden Gefährdungen gliedert sich das Tauchen im Sinne dieser Vorschrift in

- **Feuerwehrtauchen Stufe 1**
  Einsätze zur Rettung oder Bergung von Personen oder zur Bergung von Gegenständen ohne technische Maßnahmen in Gewässern ohne gewässerspezifische Risiken, wie z. B. Fahrzeuge mit Maschinenantrieb, Strömung oder Einbauten. Die maximale Tauchtiefe soll zehn Meter nicht übersteigen.

- **Feuerwehrtauchen Stufe 2**
  Einsätze zur Rettung oder Bergung von Personen oder zur Bergung von Gegenständen, einschließlich einfacher technischer Maßnahmen, wie zum Beispiel
  - an- und abschlagen von Seilen an Gegenständen
  - befestigen und lösen von Schrauben
  - meißeln, sägen.

  Die maximale Tauchtiefe beträgt im Allgemeinen zwanzig Meter (Ausnahmen siehe Abschnitt 5.7).

- **Feuerwehrtauchen Stufe 3**
  Einsätze zur Rettung oder Bergung von Personen oder zur Bergung von Gegenständen, einschließlich technischer Maßnahmen, die eine zur Stufe 2 zusätzliche Ausrüstung und Ausbildung erfordern.

Feuerwehrtauchen der Stufe 1 nach der Feuerwehr-Dienstvorschrift 8 – Ausgabe 1986 – entspricht dem Tauchen der Stufe 2 nach dieser Vorschrift und Feuerwehrtauchen der Stufe 2 nach der Feuerwehr-Dienstvorschrift 8 – Ausgabe 1986 – entspricht dem Tauchen der Stufe 3 nach dieser Vorschrift.

2 Anforderungen an Feuerwehrtaucher

Einsatzkräfte, die als Feuerwehrtaucher eingesetzt werden, müssen
- das 18. Lebensjahr vollendet haben
- die Truppmannausbildung Teil 1 (Grundausbildung) abgeschlossen und das »Deutsche Rettungsschwimmabzeichen in Silber« erworben haben
- körperlich geeignet sein (Die körperliche Eignung ist nach den berufsgenossenschaftlichen Grundsätzen für arbeitsmedizinische Vorsorgeuntersuchungen, Grundsatz G 31 »Überdruck«, festzustellen.); die Nachuntersuchung muss vor Ablauf von zwölf Monaten erfolgen
- bei folgenden Sachverhalten zusätzlich nach dem Grundsatz G 31 untersucht werden
  - nach jedem Tauchunfall oder -zwischenfall, bei dem gesundheitliche Störungen auftraten
  - nach Dekompressionserkrankungen
  - wenn vermutet wird, dass sie den Anforderungen für das Tauchen nicht mehr genügen; dies gilt insbesondere nach schwerer Erkrankung oder wenn sie selbst annehmen, den Anforderungen nicht mehr gewachsen zu sein
- zum Zeitpunkt der Übung oder des Einsatzes gesund sein
- die Ausbildung zum Feuerwehrtaucher erfolgreich abgeschlossen haben
- regelmäßig an Fortbildungsveranstaltungen und an Wiederholungsübungen teilnehmen.

Einsatzkräfte mit Bart oder Koteletten im Bereich des Dichtrahmens von Vollmasken sind für das Tragen dieser Masken ungeeignet. Ebenso sind Einsatzkräfte für das Tragen von Atemanschlüssen ungeeignet, bei denen aufgrund von Kopfform, tiefen Narben oder dergleichen kein ausreichender Maskendichtsitz erreicht werden kann oder wenn Körperschmuck den Dichtsitz des Atemanschlusses gefährdet.

2 Anforderungen an Feuerwehrtaucher

Einsatzkräfte, die diese Anforderungen nicht erfüllen, dürfen nicht als Feuerwehrtaucher eingesetzt werden.

Eine Ausbildung zum Atemschutzgeräteträger nach FwDV 7 »Atemschutz« wird empfohlen.

Vor Beginn der Ausbildung in Tiefen von mehr als fünf Metern wird für jeden Tauchanwärter eine Probeschleusung in einer hierfür geeigneten Druckkammer empfohlen. Vor Aufnahme einer Fortbildung in Tauchtiefen bis 30 Meter nach Abschnitt 5.7 ist die Probeschleusung erforderlich. Die ärztliche Leitung der Druckkammer hat die Teilnahme und das Ergebnis im Tauchdienstbuch zu bestätigen. Bestehen nach Ansicht der ärztlichen Leitung gesundheitliche Bedenken zur weiteren Aus- und Fortbildung als Feuerwehrtaucher, ist dies der Stelle, welche die Vorsorgeuntersuchung nach den berufsgenossenschaftlichen Grundsätzen für arbeitsmedizinische Vorsorgeuntersuchen – Grundsatz G 31 »Überdruck« – durchgeführt hat, mitzuteilen.

3 Verantwortlichkeit und Aufgabenverteilung

Der Träger der Feuerwehr ist als Unternehmer für die Sicherheit bei der Verwendung der Tauchausrüstung verantwortlich. Bei der ordnungsgemäßen Durchführung des Tauchwesens, der Aus- und Fortbildung einschließlich der regelmäßigen Einsatzübungen und der Überwachung der Fristen wird der Unternehmer vom Leiter der Feuerwehr unterstützt.

Der Leiter der Feuerwehr kann die ihm obliegenden Pflichten, insbesondere hinsichtlich der Ausbildung der Einsatzkräfte sowie der Wartung und Prüfung der Tauchausrüstung, an andere Personen (vergleiche Tabelle 1) übertragen (zum Beispiel an Beauftragte innerhalb der Feuerwehr oder an geeignete Stellen auf Kreisebene).

Für jede Feuerwehr mit Feuerwehrtauchern ist ein »Leiter des Tauchdienstes« zu bestellen, der den Tauchdienst zu planen und zu überwachen hat.

Jeder Feuerwehrtaucher muss – neben der organisatorischen Verantwortung des Leiters der Feuerwehr – aus eigenem Interesse heraus dafür Sorge tragen, dass die regelmäßige Nachuntersuchung innerhalb der vorgesehenen Frist durchgeführt wird.

Fühlt sich der Feuerwehrtaucher zum Tauchen nicht in der Lage, muss er dies der zuständigen Führungskraft mitteilen.

Im Übrigen soll die Aufgabenverteilung im Tauchdienst wie folgt geregelt sein:

3 Verantwortlichkeit und Aufgabenverteilung

Tabelle 1: Aufgabenverteilung im Tauchdienst

Personengruppe	Verantwortungsbereich	Mindestvoraussetzungen
Leiter des Tauchdienstes	– Organisation und Überwachung des Tauchdienstes einschließlich Aus- und Fortbildung – Überwachung der Tauchdienstbücher	– Kenntnisse im Tauchdienst – Gruppenführer
Taucheinsatzführer	– Leitung und Verantwortung für den Taucheinsatz entsprechend seiner erreichten Qualifikationsstufe 1, 2 oder 3 (siehe Abschnitt 6.3) – Bestätigung des Tauchganges im Tauchdienstbuch	– Ausbildung zum Feuerwehrtaucher der Stufe 1, 2 oder 3 (Tauchtauglichkeit nicht mehr erforderlich) – Gruppenführer
Feuerwehrlehrtaucher	– Aus- und Fortbildung im Tauchdienst durchführen	– Ausbildung zum Feuerwehrlehrtaucher – Gruppenführer – Pädagogische Vorbildung nach Abschnitt 5.5.1
Feuerwehrtaucher	– Gerätekontrolle vor dem Einsatz – Führen des Tauchdienstbuches – Meldung festgestellter Mängel	Ausbildung zum Feuerwehrtaucher der Stufe 1, 2 oder 3

3 Verantwortlichkeit und Aufgabenverteilung

Tabelle 1: Aufgabenverteilung im Tauchdienst (Fortsetzung)

Personengruppe	Verantwortungsbereich	Mindestvoraussetzungen
Sicherheitstaucher	– Gerätekontrolle vor dem Einsatz – zum sofortigen Einsatz zur Rettung des Feuerwehrtauchers bereitstehen	Ausbildung zum Feuerwehrtaucher der Stufe 1, 2 oder 3
Signalmann	– Kontrolle der Tauchausrüstung – Führen der Signalleine und ggf. des Luftzuführungsschlauches – Bedienen der Sprecheinrichtung – Überwachung des Tauchganges	Ausbildung zum Feuerwehrtaucher mindestens der Stufe 1 (Tauchtauglichkeit nicht mehr erforderlich)
Tauchgerätewart	– Pflege, Wartung und Instandsetzung von Tauchgeräten – Überwachung, Lagerung und Verwaltung von Tauchgeräten – Führen des Gerätenachweises – Geräteprüfungen und Terminüberwachungen	Atemschutzgerätewart und Sachkunde in der Tauchgerätetechnik

4 Ausrüstung

4.1 Mindestausrüstung

Zur sicheren Planung der Tauchgänge sind pro Tauchtrupp mindestens je eine Zeigeruhr sowie die Austauchtabellen (Anlage 3) an der Tauchstelle vorzuhalten.
Für jeden Feuerwehrtaucher (einschließlich Sicherheitstaucher) muss als Mindestausrüstung bereitstehen:

- Leichttauchgerät (für Feuerwehrtaucher der Stufe 1 nach DIN EN 250; für Feuerwehrtaucher der Stufen 2 oder 3 nach vfdb-Richtlinie 0803) mit Vollmaske als Atemanschluss oder schlauchversorgtes Leichttauchgerät (nach DIN 58642 für Feuerwehrtaucher der Stufe 3)
- Tauchanzug (Nass-, Trockentauchanzug)
- Rettungsgerät (zum Beispiel kombiniertes Tarier- und Rettungsmittel nach DIN EN 12628, Tariermittel nach DIN EN 1809 oder Rettungskragen) nur wenn nicht Bestandteil des Leichttauchgerätes
- Gewichtssystem mit Schnellabwurfmöglichkeit
- Tauchermesser oder vergleichbares Werkzeug
- schnittfeste Füßlinge
- Signalleine.

4.2 Weitergehende Ausrüstung

Weitergehende Ausrüstungen der Taucher können sein:

- Spezial-Tauchanzug für den Einsatz unter besonderen Bedingungen (z. B. in ölverschmutztem Wasser)
- Sprecheinrichtungen
- Tauchcomputer
- Tiefenmesser
- Unterwasserlampen
- Handleinen
- Tauchschutzhelme
- Kompasse
- Flossen
- Personenortungssysteme für Tauchgänge unter Eis
- Auffanggurte nach DIN EN 361.

4.3 Notfallausrüstung

An jeder Tauchstelle ist ein Sauerstoff-Atemgerät bereitzustellen. Es muss eine normobare Beatmung von 100 Prozent Sauerstoff für eine Dauer von drei Stunden sichergestellt sein.

An jeder Tauchstelle ist, sofern nicht Bestandteil des Gerätekoffers für das Sauerstoff-Atemgerät, ein Erste-Hilfe-Kasten nach tauchmedizinischen Erfordernissen vorzuhalten.

Art und Umfang des Erste-Hilfe-Kastens werden entsprechend den zu erwartenden Risiken durch den Leiter des Tauchdienstes festgelegt.

5 Ausbildung, Fortbildung und Prüfung

5.1 Ausbildung allgemein

Die Ausbildung zum Feuerwehrtaucher oder zum Feuerwehrlehrtaucher erfolgt an nach Landesrecht anerkannten Ausbildungsstätten, die über einen Feuerwehrlehrtaucher verfügen. Die Sachkunde zur Prüfung und Instandhaltung der Tauchgeräte kann auch bei den jeweiligen Herstellern erworben werden.

Die Leitung der Tauchausbildung obliegt dem Leiter der Ausbildungsstätte. Die ordnungsgemäße Durchführung der Tauchausbildung kann einem Feuerwehrlehrtaucher übertragen werden. Der Feuerwehrlehrtaucher ist für die Einhaltung der bestehenden Vorschriften und Richtlinien sowie für den betriebssicheren Zustand der eingesetzten Geräte während der Tauchausbildung verantwortlich. Er hat dem Leiter der Ausbildungsstätte vor Beginn der Tauchausbildung den Ausbildungs- und Stoffplan zur Genehmigung vorzulegen.

Bei der praktischen Ausbildung muss ein tauchtauglicher Feuerwehrlehrtaucher anwesend sein.

Tauchanwärter sind für Tauchtiefen und Tauchzeiten auszubilden, die – auch bei Wiederholungstauchgängen – keine Haltezeiten nach Austauchtabelle erforderlich werden lassen (siehe Anlage 3). Die Tauchtiefe soll für die Ausbildung von Tauchanwärter der Stufe 1 höchstens zehn Meter und für Tauchanwärter der Stufen 2 und 3 jeweils zwanzig Meter betragen.

Die Ausbildung zum Feuerwehrtaucher einer Stufe soll innerhalb von zwei Jahren abgeschlossen sein.

Die Ausbildung zum Feuerwehrtaucher der Stufe 2 kann als ergänzende Aufbauausbildung zum Tauchen der Stufe 1 erfolgen oder mit dieser ohne Zwischenprüfung in einer Gesamtausbildung erfolgen.
Die Ausbildung zum Feuerwehrtaucher der Stufe 3 ist als ergänzende Aufbauausbildung zum Tauchen der Stufe 2 durchzuführen.

5.2 Theoretische Ausbildung

5.2.1

Der Unterricht für Tauchanwärter der **Stufe 1** umfasst mindestens 23 Unterrichtseinheiten (UE)[1], in denen die erforderlichen theoretischen Kenntnisse für Taucheinsätze bei den Feuerwehren zu vermitteln sind.

Folgende Unterrichtsthemen sind zu behandeln:
- Gerätekunde (hauptsächlich Tauchgeräte gemäß DIN EN 250, Vollmaske, Tariermittel)
- Rechtliche Grundlagen (insbesondere FwDV 8, UVV Feuerwehren)
- Physik (insbesondere Auftrieb, Druck- und Gasgesetze, Eigenschaften des Wassers, Licht, Maßeinheiten im Tauchdienst, Schall, Temperatur, Zusammensetzung der Luft)
- Physiologie (insbesondere Atmung, Herz-Kreislaufsystem, Nervensystem, Sinnesorgane)
- Tauchmedizin (insbesondere Kompressionsphase, Dekompressionsphase)
- Einsatzlehre (insbesondere Leinenzugzeichen, Suchverfahren, Unterwasser-Handzeichen)

---

[1] Unterrichtseinheit (UE) = 45 Minuten

- Notfallmaßnahmen (insbesondere Maßnahmen nach einem Tauchunfall, Sauerstoff-Atmungsgerät, Retten aus dem Wasser).

5.2.2

Der Unterricht für Tauchanwärter der **Stufe 2** umfasst mindestens 35 UE, in denen die erforderlichen theoretischen Kenntnisse für Taucheinsätze bei den Feuerwehren zu vermitteln sind. Sofern die Ausbildung aufbauend auf die Ausbildung nach Abschnitt 5.2.1 (mit 23 UE) erfolgt, sind weitere 12 UE zu leisten.

Folgende Unterrichtsthemen sind zu behandeln:
- Gerätekunde (insbesondere Tauchgeräte gemäß vfdb-Richtlinie 0803, Vollmaske, Tariermittel, Unterwassersprecheinrichtung)
- Rechtliche Grundlagen (insbesondere Normen, FwDV 8, UVV Feuerwehren)
- Physik (insbesondere Auftrieb, Druck- und Gasgesetze, Eigenschaften des Wassers, Licht, Maßeinheiten im Tauchdienst, Schall, Temperatur, Zusammensetzung der Luft)
- Physiologie (insbesondere Atmung, Herz-Kreislaufsystem, Nervensystem, Sinnesorgane)
- Tauchmedizin (insbesondere Kompressionsphase, Isopressionsphase, Dekompressionsphase, Einteilung des Tauchganges)
- Einsatzlehre (insbesondere Leinenzugzeichen, Suchverfahren, Unterwasser-Handzeichen, Eistauchen, Einsätze an Wehranlagen, Kennzeichnung und Sicherung von Einsatzstellen)
- Notfallmaßnahmen (insbesondere Maßnahmen nach einem Tauchunfall, Sauerstoff-Atmungsgerät, Retten aus dem Wasser, Stressbewältigung).

5.2.3

Für die Ausbildung zum Feuerwehrtaucher der **Stufe 3** sind ergänzend zur Ausbildung für die Stufe 2 mindestens weitere zehn UE zu leisten.
Folgende Unterrichtsthemen sind zu behandeln:
- Schlauchversorgte Leichttauchgeräte
- Ausbildung zur Durchführung besonderer technischer Hilfeleistungen (z. B. GUV 3.8 – Schweißen, Schneiden und verwandte Verfahren).

5.3 Praktische Ausbildung

5.3.1

Tauchanwärter haben für die **Stufe 1** mindestens zehn Stunden praktische Ausbildung und 25 Tauchgänge abzuleisten. Ein Ausbildungstauchgang dauert mindestens 20 Minuten.

Mindestens die ersten fünf Tauchgänge sind in sichtigem Wasser und bis zu fünf Meter Tiefe durchzuführen.

Mindestens zehn Tauchgänge sind unter Einsatzbedingungen in Tauchtiefen von mehr als fünf Metern durchzuführen.

Die zehn Stunden praktische Ausbildung umfassen
- Anlegen der Tauchausrüstung (nicht nur schnelles, sondern vor allem sicheres Anlegen der Ausrüstung)
- Unterstützung bei der Ausrüstung des Feuerwehrtauchers durch den Signalmann
- Tätigkeit des Signalmanns.

Folgende Ausbildung ist in den 25 Tauchgängen insbesondere durchzuführen:
- Gewöhnung an den Aufenthalt unter Wasser (Die ersten Gewöhnungsübungen sollen sich auf Tiefen von zwei bis zu drei Metern beschränken. Erst wenn der Tauchanwärter sich in dieser Tiefe sicher fühlt, darf mit Gewöhnungsübungen bis zu der zulässigen Tauchtiefe begonnen werden.)
- Ab- und Aufstiegsübungen (Besonderer Wert ist beim Abstieg auf ordnungsgemäßes Abtauchen von Land sowie von einer Leiter aus zu legen. In das Wasser zu springen ist verboten!)
- Verständigungsübungen zwischen Feuerwehrtaucher und Signalmann
- Wechseln der Tauchgeräte unter Wasser (Besonderer Wert ist auf das Ablegen des Gewichtssystems und das Kappen von verklemmten Signalleinen zu legen.)
- Notaustauchübungen (Der Tauchanwärter ist von einem Feuerwehrlehrtaucher zu begleiten.)
- Retten von Personen
- Suchaufgaben (Suche von Personen und Gegenständen).

5.3.2

Tauchanwärter haben für die **Stufe 2** mindestens 20 Stunden praktische Ausbildung und 50 Tauchgänge abzuleisten. Ein Ausbildungstauchgang dauert mindestens 20 Minuten.

Sofern vorab keine Ausbildung zum Taucher der Stufe 1 erfolgte, sind mindestens die ersten zehn Tauchgänge in sichtigem Wasser und bis zu fünf Meter Tiefe durchzuführen.

Mindestens 20 Tauchgänge sind unter Einsatzbedingungen in Tauchtiefen von mehr als zehn Meter durchzuführen.

Die 20 Stunden praktische Ausbildung umfassen:
- Anlegen der Taucherausrüstung (nicht nur schnelles, sondern vor allem sicheres Anlegen der Ausrüstung)

- Unterstützung bei der Ausrüstung des Feuerwehrtauchers durch den Signalmann
- Tätigkeit des Signalmanns
- Aufbau von Sprecheinrichtungen
- Aufbau von Schifffahrtszeichen
- Einrichtung von Taucheinsatzstellen.

Folgende schwierige Unterwassertätigkeiten unter Verwendung von technischem Gerät sind in den 50 Tauchgängen zusätzlich zur Ausbildung der Stufe 1 insbesondere durchzuführen:

- Retten von eingeklemmten Personen
- Unterwasserarbeiten mit technischem Gerät
- Objektbeschreibungen
- Objektmarkierung.

5.3.3

Tauchanwärter haben für die **Stufe 3** mindestens weitere 20 Tauchgänge unter Verwendung des entsprechenden Gerätes abzuleisten. Ein Ausbildungstauchgang dauert mindestens 20 Minuten.

5.4 Prüfung der Feuerwehrtaucher

Die Prüfung erfolgt nach landesrechtlicher Regelung. Sie besteht aus einer schriftlichen und einer praktischen Prüfung und gegebenenfalls zusätzlich einer mündlichen Prüfung.

5 Ausbildung, Fortbildung und Prüfung

Über die Anrechnung anderweitig erworbener Kenntnisse im Tauchen entscheidet der Leiter der Ausbildungsstätte.

Die schriftliche Prüfung für Feuerwehrtaucher der Stufen 1, 2 und 3 besteht aus einer Aufsichtsarbeit über die Tauchtätigkeit.

Die praktische Prüfung für Feuerwehrtaucher der Stufe 1 erstreckt sich auf

– Tauchen mit Leichttauchgerät nach DIN EN 250 bis in die Tauchtiefe von zehn Meter vom Ufer und/oder vom Boot aus
– Erkunden der Lage unter Wasser
– Retten von Personen
– Zusammenarbeiten von Feuerwehrtaucher und Signalmann
– Erste Hilfe bei Tauchunfällen.

Die praktische Prüfung für Feuerwehrtaucher der Stufe 2 erstreckt sich auf

– Tauchen mit Tauchgerät gemäß vfdb-Richtlinie 0803 bis in die Tauchtiefe von 20 Meter vom Ufer und/oder vom Boot aus, mit Ab- und Aufsteigen am Grundtau
– Erkunden der Lage unter Wasser
– Retten von Personen
– Zusammenarbeiten von Feuerwehrtaucher und Signalmann
– Kennzeichnen und Sichern der Tauchstelle und des Bootes entsprechend den für das jeweilige Gewässer geltenden Bestimmungen
– Erste Hilfe bei Tauchunfällen
– einfache Technische Hilfeleistungen.

Die praktische Prüfung für Feuerwehrtaucher der Stufe 3 erstreckt sich zusätzlich auf Unterwasserarbeiten entsprechend dem Ausbildungsprogramm (siehe Abschnitt 5.2.3).

5.5 Feuerwehrlehrtaucher

5.5.1 Voraussetzungen

Feuerwehrlehrtaucher für die Stufe 1 müssen die Prüfung zum Feuerwehrtaucher der Stufe 1 erfolgreich abgeschlossen haben und zusätzlich mindestens 100 Übungs- oder Einsatztauchgänge nachweisen.
Feuerwehrlehrtaucher für die Stufen 2 oder 3 müssen die Prüfung zum Feuerwehrtaucher der Stufen 2 oder 3 erfolgreich abgeschlossen haben und zusätzlich mindestens 150 Übungs- oder Einsatztauchgänge nachweisen. Ein Übungstauchgang dauert mindestens zwanzig Minuten.
Für Feuerwehrlehrtaucher ist der Nachweis einer pädagogischen Vorbildung (z. B. Lehrgang »Ausbilden in der Feuerwehr« gemäß FwDV 2) und die Ausbildung zum Gruppenführer erforderlich.

5.5.2 Prüfung

Die Prüfung besteht aus einer schriftlichen Aufsichtsarbeit, einer Unterrichtserteilung zu einem vorgegebenen Thema vor einer Ausbildungsgruppe und einer ergänzenden Befragung.
Die praktische Prüfung erstreckt sich auf das Leiten eines Taucheinsatzes, die praktische Unterweisung einer Ausbildungsgruppe sowie die Erarbeitung eines Notfallplans (siehe Ziffer 6.8).

5.5.3 Erhalt der Lehrbefähigung

Zum Erhalt der Lehrbefähigung muss der Feuerwehrlehrtaucher regelmäßig an tauchspezifischen Fortbildungsveranstaltungen teilnehmen. Die Lehrbefähigung ruht, wenn seit der letzten Fortbildung mehr als drei Jahre vergangen sind.

5.6 Anerkennung gleichwertiger Ausbildungen

Die Anerkennung gleichwertiger Ausbildungen erfolgt schriftlich nach den landesspezifischen Regelungen. Die Anerkennung kann erfolgen, wenn eine der Voraussetzungen nach Anlage 4 vorliegt.

Vor dem Einsatz als Feuerwehrtaucher ist sicherzustellen, dass Personen mit einer vorgenannten Ausbildung die Bestimmungen dieser Vorschrift kennen und durch Teilnahme an praktischen Übungen unter einsatzmäßigen Bedingungen in das Feuerwehrtauchen eingewiesen sind.

5.7 Fortbildung

Um die erworbenen Fähigkeiten und Kenntnisse bei den Feuerwehrtauchern zu erhalten, sind für diesen Personenkreis im Dienstplan in regelmäßigen Zeitabständen sowie nach Bedarf Unterweisungen und praktische Übungen im Tauchen anzusetzen. Mindestens einmal jährlich ist über diese Feuerwehr-Dienstvorschrift Unterricht abzuhalten. Über die Teilnahme ist ein schriftlicher Nachweis zu führen.

Innerhalb von zwölf Monaten sind von Feuerwehrtauchern der Stufen 1 und 2 mindestens zehn Tauchgänge, von Feuerwehrtauchern der Stufe 3 und von Feuerwehrlehrtauchern mindestens fünfzehn Tauchgänge unter **einsatzmäßigen Bedingungen** abzuleisten. Ein Übungstauchgang dauert

mindestens zwanzig Minuten. Die geleisteten Einsatztauchgänge sind entsprechend anzurechnen. Ansonsten ruht die Berechtigung zum Feuerwehrtaucher für Einsatzaufgaben.
Sofern es das Aufgabenspektrum der Taucheinheit erfordert, Taucheinsätze in Tiefen von mehr als 20 Meter durchzuführen, sind die Feuerwehrtaucher unter Leitung eines örtlich zuständigen Feuerwehrlehrtauchers schrittweise an diese Tiefen heranzuführen. Die Tauchtiefe ist hierbei auf 30 Meter zu begrenzen.

5.8 Wiederverwendung

Konnte ein Feuerwehrtaucher die vorgenannten Tauchgänge nicht erfüllen, entscheidet der Leiter des Tauchdienstes über die Wiederverwendung nach Erfüllung der Voraussetzungen.

5.9 Tauchdienstbuch

Jeder Feuerwehrtaucher hat ein Tauchdienstbuch zu führen. Jeder Ausbildungs-, Übungs- und Einsatztauchgang ist in das Tauchdienstbuch einzutragen.
  Die Eintragungen während der Ausbildung sind vom Feuerwehrlehrtaucher zu bestätigen. Die Eintragungen außerhalb der Ausbildung sind vom Taucheinsatzführer darin zu bestätigen.
  Das Tauchdienstbuch muss mindestens einmal im Jahr dem Leiter des Tauchdienstes vorgelegt werden.

6 Taucheinsatz

6.1 Kräfte für den Taucheinsatz

Für einen Taucheinsatz werden grundsätzlich ein Taucheinsatzführer und mindestens ein Tauchtrupp benötigt.

Ein Tauchtrupp besteht aus einem Feuerwehrtaucher, einem Sicherheitstaucher und einem Signalmann.

Bei unübersichtlichen und ausgedehnten Einsatzstellen muss für jeden eingesetzten Feuerwehrtaucher ein Sicherheitstaucher bereitstehen. An übersichtlichen, örtlich begrenzten Stellen muss für je zwei eingesetzte Feuerwehrtaucher ein Sicherheitstaucher bereitstehen.

6.2 Einsatzleiter

Der Einsatzleiter entscheidet über den Taucheinsatz.

6.3 Taucheinsatzführer

Der Taucheinsatzführer berät den Einsatzleiter und ist ihm für die Durchführung des Taucheinsatzes im Einzelnen verantwortlich. Insbesondere hat er die Erkundung und Beurteilung des Gewässers und die Absicherung der

Einsatzstelle gegen Störungen und Gefahren zu veranlassen und zu überwachen.

Der Taucheinsatzführer hat die Führung und Verantwortung für den Einsatz des Tauchtrupps, der Bootsbesatzung und weiterer, unmittelbar im Zusammenhang mit dem Taucheinsatz tätig werdender Einsatzkräfte. Der Taucheinsatzführer kann anordnen, dass bei besonderen Einsatzvoraussetzungen oder -situationen auf das Tragen von Teilen der Ausrüstung verzichtet werden kann.

Zu Beginn des Taucheinsatzes ist vom Taucheinsatzführer jeweils die Tauchzeit festzulegen und während des Einsatzes zu überwachen. Die Taucheinsätze sind auch bei Wiederholungstauchgängen innerhalb der Nullzeit durchzuführen (siehe Anlage 3).

6.4 Feuerwehrtaucher

Der Feuerwehrtaucher führt den Einsatztauchgang durch. Er hat vor dem Einsatz eine vorhandene Reststickstoffsättigung (Druckexposition) dem Taucheinsatzführer anzuzeigen.

6.5 Sicherheitstaucher

Der Sicherheitstaucher steht mit Tauchausrüstung (jedoch ohne angelegten Atemanschluss) zur Sicherheit und gegebenenfalls zur Rettung des eingesetzten Feuerwehrtauchers zum **sofortigen Einsatz** an der Tauchstelle bereit.

6.6 Signalmann

Der Signalmann führt und überwacht den Tauchgang des Feuerwehrtauchers.

6.7 Einsatzgrundsätze

6.7.1 Allgemeine Einsatzgrundsätze

- Es dürfen nur Feuerwehrtaucher eingesetzt werden, die die Anforderungen nach Abschnitt 2 erfüllen.
- Für jeden eingesetzten Feuerwehrtaucher muss ein Signalmann zur Verfügung stehen. Der Feuerwehrtaucher hat die Weisungen des Signalmannes (Leinenzugzeichen nach Anlage 2) zu befolgen.
- Ist die Verständigung zwischen Feuerwehrtaucher und Signalmann nicht gewährleistet, darf nicht getaucht werden.

Der Feuerwehrtaucher darf erst abtauchen, wenn der Sicherheitstaucher bereit steht.

- Die Abstiegsgeschwindigkeit wird vom Feuerwehrtaucher bestimmt. Die höchstzulässige Auftauchgeschwindigkeit beträgt zehn Meter pro Minute. Werden Tauchcomputer verwendet, ist die jeweils angezeigte Auftauchgeschwindigkeit vorrangig.

Der Feuerwehrtaucher der Stufe 1 darf im Regelfalle bis zehn Meter Tiefe, Feuerwehrtaucher der Stufen 2 und 3 bis 20 Meter Tiefe absteigen. Sofern die Vorgaben nach Abschnitt 5.7 erfüllt sind, kann die Tiefe für Feuerwehrtaucher der Stufen 2 und 3 auf 30 Meter erweitert werden. Bei größeren Tauchtiefen sind die Bestimmungen der BGV C 23 »Taucherarbeiten« zu beachten.

6 Taucheinsatz

- Der Feuerwehrtaucher hat den Tauchgang sofort abzubrechen, wenn er Unwohlsein verspürt, die aktive Warneinrichtung oder das Reserveventil des Gerätes anspricht oder Anzeichen für Mängel am Gerät festgestellt werden.
- Der Tauchtrupp darf während des Taucheinsatzes nicht durch zusätzliche Arbeiten, vor allem nicht durch das Steuern oder Fortbewegen des Bootes, von seinen Aufgaben abgehalten werden.
- In Gewässern mit besonderen Erschwernissen (zum Beispiel Stausee, Wehranlage, starke Strömung, Hindernisse im Wasser) darf nur mit einer betriebsbereiten Sprecheinrichtung getaucht werden. Die Hinzuziehung eines Gewässerkundigen wird empfohlen.
- Beim Tauchen an Wehranlagen besteht Lebensgefahr! Bei Einsätzen an Wehranlagen ist nach den erstellten Einsatzplänen in Abstimmung mit dem Betreiber zu verfahren. In dem Einsatzplan ist insbesondere zu regeln, wie der geschlossene Zustand der Anlage zweifelsfrei (zum Beispiel Einsatz einer Kamera, Erkundungstauchgang im »Unterwasser« des Wehres) festgestellt werden kann.
- Bei Taucheinsätzen in schiffbaren Gewässern soll nach Möglichkeit ein Schifffahrtskundiger oder ein Vertreter der Wasser- und Schifffahrtsverwaltung anwesend sein.
- Der Einstieg des Feuerwehrtauchers soll möglichst nahe am Einsatzort liegen. Sofern ein Arbeiten vom Ufer aus nicht möglich ist, ist hierfür eine geeignete Arbeitsplattform (zum Beispiel Mehrzweckboot – MZB – DIN 14961) einzusetzen. Es ist darauf zu achten, dass der Feuerwehrtaucher nicht durch Propellerbetrieb gefährdet wird!
- Für Suchaufgaben dürfen maximal drei Feuerwehrtaucher mit Handleinen verbunden werden, wenn zusätzlich zur Signalleine mindestens zu einem Feuerwehrtaucher Sprechverbindung besteht. Die Signal- oder Telefonleine soll am mittleren Feuerwehrtaucher befestigt sein.
- Bei Wintereinsätzen ist die Gefahr der Gerätevereisung an der Luft zu beachten.

– Von jedem Taucheinsatz ist ein Taucheinsatzprotokoll anzufertigen, in dem aufgeführt wird, welche Personen und Geräte nach den Abschnitten 4.1 und 4.2 eingesetzt und welche Tauchzeiten erforderlich waren.

6.7.2 Taucheinsätze bei Eisunfällen

Zusätzlich zu den Grundsätzen im Abschnitt 6.7.1 gelten bei Taucheinsätzen bei Eisunfällen folgende Einsatzgrundsätze:

– Zur Rettung von im Eis eingebrochenen Personen ist der Taucheinsatz grundsätzlich von einer Arbeitsplattform (zum Beispiel Schlauchboot mit Eisschlitten, Steckleiter) aus durchzuführen.

– Wegen der besonderen Gefahren und Schwierigkeiten derartiger Einsätze ist grundsätzlich eine Sprechverbindung zum Feuerwehrtaucher herzustellen.

– Wegen der besonderen Gefährdung der Feuerwehrtaucher ist grundsätzlich nur der unmittelbare Bereich (die Länge der Signal- oder Telefonleine ist auf 25 Meter zu begrenzen) unter der Einbruchstelle und gegebenenfalls weiterer Einstiegstellen abzusuchen.

Bei mit Eis bedeckten, strömenden Gewässern ist ein Taucheinsatz nicht zulässig.

Ist die Sprechverbindung nicht mehr möglich, ist der Taucheinsatz abzubrechen.

– Ist die Verbindung zwischen Feuerwehrtaucher und Signalmann unterbrochen, so hat der Feuerwehrtaucher auf der Stelle zu verbleiben und auf den Sicherheitstaucher zu warten, da er sich sonst orientierungslos zu weit von der Abtauchstelle entfernen und seine Rettung erschweren könnte.

Die Verwendung von Handleinen ist nicht zulässig.

6.8 Notfallmaßnahmen

Bei jedem Tauchunfall ist nach standortspezifischen Notfallmaßnahmen zu verfahren, die vom Leiter des Tauchdienstes ständig fortgeschrieben werden.

Im Notfallplan ist insbesondere zu regeln:
- Alarmierung der zuständigen (Rettungs-)Leitstelle nach einem Tauchunfall
- Erste-Hilfe bis zum Eintreffen des Rettungsdienstes
- erweiterte Sofortmaßnahmen nach Abschnitt 4.3 auf Anordnung des Taucheinsatzführers
- Anfahrt zur Tauchstelle
- Hubschrauberlandeplatz
- medizinischer Rat über »Taucher-Notruf«
- weitere Telefonnummern
- Dokumentation in einem Tauchunfallprotokoll
- Verbleib eines verwendeten Tauchcomputers beim Patienten zur Auswertung im Therapiezentrum.

7 Instandhaltung der Tauchausrüstung

7.1 Allgemeines

Tauchgeräte und Hilfsgeräte (zum Beispiel Tauchcomputer, Tauchanzug, Lampen, Leinen, Rettungswesten) müssen pfleglich behandelt, sorgfältig gewartet und regelmäßig geprüft werden. Für jede Feuerwehr mit Tauchdienst muss ein Tauchgerätewart zur Verfügung stehen.

Die Tauchausrüstung ist entsprechend den Gebrauchsanleitungen der Hersteller oder anderen allgemein gültigen Regeln zu reinigen, zu desinfizieren und zu prüfen. Tauchgeräte sind erst dann wieder einsatzbereit, wenn sie geprüft und freigegeben worden sind.

Stehen den Feuerwehren eigene Werkstätten für Tauchgeräte nicht zur Verfügung, so sollen zentrale Werkstätten eingerichtet werden, sofern diese Aufgaben nicht von einer benachbarten Feuerwehr übernommen werden können. Alternativ kann auch auf entsprechende Dienstleister zurückgegriffen werden. Das Personal der Werkstatt bedarf zur Durchführung seiner Aufgaben einer eingehenden Ausbildung, die durch eine erfolgreiche Teilnahme an einem Atemschutzgerätewart-Lehrgang sowie einer Fortbildung über technische Besonderheiten der Tauchausrüstung an einer Landesfeuerwehrschule oder an einer anderen anerkannten Ausbildungsstätte nachgewiesen werden muss.

Tauchgeräte und Druckgasbehälter sind in den vorgesehenen Halterungen in den Fahrzeugen zu transportieren. Fehlen solche Halterungen, dürfen Tauchgeräte und Atemluftbehälter nur in nach geltendem Gefahrgutrecht geeigneten Transportbehältern oder Transportkisten transportiert werden. Außerdem ist auf Ladungssicherung nach der Straßenverkehrsordnung zu achten.

7.2 Monatlich durchzuführende Arbeiten

Die Einsatzbereitschaft der Tauch- und Rettungsgeräte ist monatlich zu überprüfen. Hierbei ist insbesondere auf einwandfreie Funktion, Dichtheit und ausreichenden Atemgasvorrat zu achten. Bei einem Druckverlust von zehn Prozent des vorgeschriebenen Fülldruckes sind die Druckgasbehälter auszuwechseln.

7.3 Halbjährlich durchzuführende Arbeiten

Sämtliche Tauch- und Rettungsgeräte sind in Abständen von sechs Monaten der Werkstatt zu übergeben und einer den Vorschriften der Hersteller entsprechenden Prüfung zu unterziehen.

8 Lagern und Gerätenachweis

8.1 Lagern

Tauchgeräte sind trocken zu lagern. Sie sind vor mechanischen Beschädigungen und vor der Einwirkung von Sonnenstrahlen oder sonstigen Wärmeeinflüssen zu schützen. Einzulagernde Tauchgeräte sind in Regalen oder in luftigen Schränken unterzubringen, die in kühlen, trockenen Räumen stehen. In den Lagerräumen dürfen nicht gleichzeitig Chemikalien und Lösungsmittel sowie kein Benzin u. ä. untergebracht sein.
Nicht einsatzbereite Geräte sind getrennt aufzubewahren.

8.2 Gerätenachweis

Der Tauchgerätewart hat einen Geräte- und Prüfnachweis zu führen. Die Prüfungen sind zusätzlich am Gerät für den Nutzer erkennbar zu dokumentieren.
Der Gerätenachweis muss über den Verbleib eines jeden Gerätes Auskunft geben. Er ist bis zur Aussonderung des Gerätes aufzubewahren.

In den Prüfnachweisen ist mindestens zu dokumentieren:
– Bezeichnung und Hersteller des Gerätes
– interne Kennzeichnung des Gerätes
– Seriennummer der einzelnen Baugruppen
– Fälligkeit von Prüfungen der einzelnen Baugruppen

8 Lagern und Gerätenachweis

- Prüfergebnisse der vorgeschriebenen Prüfungen nach Herstellerangaben
- durchgeführte Arbeiten und Reparaturen
- Unterschrift des Tauchgerätewartes, der die Arbeiten, Prüfungen oder Reparaturen verantwortlich durchgeführt hat.
- wiederkehrender Kontrollvermerk des Unternehmers.

Anhang

Anlage 1 Begriffe und technische Anforderungen
Anlage 2 Leinenzugzeichen
Anlage 3 Austauchtabellen
– Tabelle 1: Maximale Aufenthaltszeit unter Wasser bei Tauchtiefen bis 10,5 Meter
– Tabelle 2: Austauchen mit Druckluft bei Tauchtiefen von mehr als 10,5 Meter
– Tabelle 3: Korrektur der Tauchtiefe bei einer Höhenlage der Tauchstelle in mehr als 300 Meter über Normalnull (NN)
– Tabelle 4: Zeitzuschlag für das Austauchen nach Wiederholungstauchgängen
Anlage 4 Anerkennung vergleichbarer Ausbildung
Anlage 5 Hinweise für die Bildung eines Prüfungsausschusses

Anlage 1 Begriffsbestimmungen und Technische Anforderungen

Auftauchen (Aufstieg) ist das Aufsuchen einer geringeren Wassertiefe.
Austauchen ist ein Auftauchen zur Wasseroberfläche.
Besondere Erschwernisse beim Einsatz, bei Aus- und Fortbildung liegen z. B. vor, bei

– Tauchen in Strömung von mehr als 1,5 m/s
– Einsätze in oder unter Wracks oder Bauwerken (Rohre, Pfahlroste, Durchschlupfe)
– Tauchgänge mit der Gefahr des Verhakens

Leichttauchgeräte sind für das Tauchen in den Feuerwehren zugelassene Tauchgeräte nach DIN EN 250 und vfdb-Richtlinie 0803, aus denen der Taucher atemgesteuert mit Atemgas versorgt wird. Bei Leichttauchgeräten mit Nitrox-Gasgemischen ist zusätzlich die prEN 13949 zu beachten.

Leinen:

Art, Begriffsbestimmung	Länge	Durchmesser	Seil-Zugkraft
Grundtau zur Orientierung des Feuerwehrtauchers zwischen Oberfläche und Arbeitsplatz unter Wasser		24 bis 28 mm	
Handleinen Verbindungsleinen zwischen zwei Feuerwehrtauchern, schwimmfähig, an den Seilenden sind Handschlaufen zulässig	höchstens 1,5 m	mindestens 8 mm	mindestens 2000 N
Laufleinen zur Orientierung des Feuerwehrtauchers, hauptsächlich zur Durchführung von Sucharbeiten	höchstens 40 m	mindestens 6 mm	mindestens 1000 N
Signalleinen zur Sicherung des Feuerwehrtauchers, Verbindung vom Signalmann zum Feuerwehrtaucher zur Signalgebung.	50 m im begründeten Einzelfall 80 m	8 bis 14 mm	mindestens 2000 N
Telefonleinen sind Signalleinen, in die Telefonkabel zugentlastet eingeflochten sind	50 m höchstens 80 m	8 bis 14 mm	**mindestens 2000 N**

Anlage 1 Begriffsbestimmungen und Technische Anforderungen

Nullzeit ist die maximale Tauchzeit vom Verlassen der Oberfläche bis zum Beginn des Austauchens, bei der noch keine Dekompressionspausen erforderlich sind.

Schlauchversorgte Leichttauchgeräte sind Tauchgeräte, bei denen Taucher von einer Atemgasversorgungsanlage über eine Kontroll- und Regeleinrichtung und einer Versorgungsleitung mit Atemgas versorgt werden und zusätzlich für den Notfall einen Reserveatemgasvorrat mit sich führen.

Sicherheitstaucher ist ein zur Sicherheit der eingesetzten Feuerwehrtaucher zum sofortigen Einsatz am Gewässer bereitstehender Taucher

Signalmann führt und überwacht den Tauchgang des Feuerwehrtauchers.

Taucheinsatzführer berät den Einsatzleiter und ist ihm für die Durchführung des Taucheinsatzes im Einzelnen verantwortlich. Insbesondere hat er die Erkundung und Beurteilung des Gewässers und die Absicherung der Einsatzstelle gegen Störungen und Gefahren zu veranlassen und zu überwachen.

Der Taucheinsatzführer hat die Führung und Verantwortung für den Einsatz des Tauchtrupps, der Bootsbesatzung und weiterer, unmittelbar im Zusammenhang mit dem Taucheinsatz tätig werdender Einsatzkräfte.

Taucher-Druckkammern sind Druckbehälter, die der Behandlung erkrankter Taucher dienen.

Tauchdienstbuch ist der Nachweis über die geleisteten Tauchgänge.

Taucheinsatz ist die Gesamtheit der Tauchgänge am gleichen Ort zur Durchführung eines Unterwasser-Einsatzauftrages.

Tauchgang ist ein zeitlich begrenzter, einmaliger Aufenthalt unter Wasser. Ein Ausbildungstauchgang bzw. Übungstauchgang dauert mindestens zwanzig Minuten. Tauchgänge im Sinne dieser Vorschrift erfolgen ausschließlich im Feuerwehrdienst, Freizeittauchgänge sind nicht anzurechnen.

Tauchschutzhelme sollen den Taucher vor Kopfverletzungen schützen und durch geeignete Farbgebung die Auffindbarkeit des Tauchers erleichtern.

Tauchstelle ist der Einsatzbereich des Tauchtrupps, der den Einstieg des Tauchers, den Tätigkeitsbereich unter Wasser und den Ausstieg umfasst.

Tauchtrupp besteht aus einem Feuerwehrtaucher, einem Sicherheitstaucher und einem Signalmann.

Tauchtiefendruck ist der in der jeweiligen Tauchtiefe herrschende Umgebungsdruck.

Anlage 2 Leinenzugzeichen

Als Leinenzugzeichen sind folgende Zeichen festgelegt:
(X bedeutet: ein Leinenzug)

Zeichen	Vom Taucher gegeben	Vom Signalmann gegeben
X	-NOTSIGNAL- Ich bin in Not!	-NOTSIGNAL- Sofort Tauchgang abbrechen!
XX		Nach links!
XXX		Nach rechts!
XXXX	Ich tauche aus!	Austauchen!
XXXXX	Alles in Ordnung!	Alles in Ordnung?

Weitere Leinenzugzeichen können zwischen Feuerwehrtaucher und Signalmann vereinbart werden.

Anlage 3 Maximale Aufenthaltszeiten unter Wasser (Austauchtabellen)

Aus der BGV C23 (bisherige VBG 39) – Unfallverhütungsvorschrift »Taucherarbeiten« vom 1. Oktober 1979 in der Fassung vom 1. Januar 2001 auszugsweise übernommen und auf die Erfordernisse dieser Vorschrift angepasst.

Für den Einsatz von Mischgas als Atemgas wird auf die Empfehlungen des Fachausschusses Tiefbau für Mischgas-Taucheinsätze in der jeweils gültigen Fassung verwiesen. Für das Feuerwehrtauchen können offene Systeme mit einem Mischungsverhältnis von maximal 40 Vol.% Sauerstoff und 60 Vol.% Stickstoff verwendet werden.

Erläuterungen zu den Austauchtabellen:

1 Allgemeines

In dieser Anlage sind alle mit dem Austauchen in Verbindung stehenden Tabellen wie folgt zusammengefasst:

Tabelle 1: Maximale Aufenthaltszeiten unter Wasser bei Tauchtiefen bis 10,5 m

Tabelle 2: Austauchen mit Druckluft bei Tauchtiefen von mehr als 10,5 m

Tabelle 3: Korrektur der Tauchtiefe bei Höhenlage der Tauchstelle in mehr als 300 m über NN

Tabelle 4: Zeitzuschlag für das Austauchen nach Wiederholungstauchgängen

Anlage 3 Maximale Aufenthaltszeiten unter Wasser (Austauchtabellen)

2 Begrenzung des Geltungsbereiches der Tabelle 2

2.1 Gesamtzeit eines Tauchganges
Die Gesamtzeit eines Tauchganges darf für Tauchgänge bis 10,5 m Tiefe die in der Tabelle 1 angegebenen bzw. für Tauchgänge über 10,5 m, die in Tabelle 2 angegebenen Nullzeit-Werte nicht überschreiten. Die unterhalb der Nullzeit aufgeführten Werte sind ausschließlich für den Notfall gedacht.

2.2 Tauchtiefe
Die Tabellen gelten für Tauchtiefen bis 30 m. Die in den Tabellen für Tauchtiefen bis 36 m aufgeführten Werte sind ausschließlich für den Notfall gedacht; sie dürfen im Normalfall nicht erreicht werden.

2.3 Luftdruck an der Tauchstelle
Die in den Tabellen angegebenen Werte sind auf einen Luftdruck an der Tauchstelle von 1000 hPa (= 1 bar) berechnet. Bei Absinken des Luftdruckes unter 970 hPa infolge der Höhenlage der Tauchstelle (= 300 m über NN) und wetterbedingte Luftdruckschwankungen (= Tiefdrucklage) sind die in Tabelle 3 angegebenen Korrekturen vorzunehmen (siehe Abschnitt 6).
Die Angabe der Höhenlage der Tauchstelle dient lediglich als Hilfsgröße, entscheidend ist der Luftdruck an der Tauchstelle.

2.4 Wiederholungstauchgänge
Wiederholungstauchgänge sind Tauchgänge, die in weniger als 12 Stunden Abstand auf das Ende des vorangegangenen folgen. Die in der Tabelle 2 angegebenen Zeiten gelten nur für einmalige Tauchgänge. Für die Ermittlung der Austauchzeiten nach Wiederholungstauchgängen sind die in Abschnitt 7 angegebenen Hinweise zu beachten.

3 Allgemeine Handlungsanweisungen

3.1 Ist ein Arbeiten in unterschiedlichen Wassertiefen erforderlich, ist der Tauchgang so zu planen, dass mit der Arbeit in der größten Tiefe begonnen wird und die jeweils folgende Arbeitsstelle in geringerer Wassertiefe liegt.

3.2 Auch bei Arbeiten in Wassertiefen von weniger als 7 m ist ein wiederholtes Aus- und Abtauchen zu vermeiden (»Yo-Yo-Tauchen«), da hierdurch das Dekompressionsrisiko deutlich ansteigt.

3.3 Beim Austauchen ohne Haltezeiten darf die maximale Aufstiegsgeschwindigkeit 10 m/min nicht überschreiten. Beim Austauchen mit Haltezeiten sind die in den Tabellen enthaltenen Vorgaben einzuhalten.

3.4 Hat ein Taucher versehentlich Haltezeiten nicht eingehalten, hat er sofort nach dem Erreichen der Wasseroberfläche wieder auf die Haltestufe abzutauchen, die er als Erste zu schnell verlassen hat. Für die Bestimmung der Haltezeiten des nachgeholten Austauchens ist die Zeit des vorangegangenen Tauchganges um die Zeit zu verlängern, die zum erneuten Erreichen der untersten zu schnell verlassenen Haltestufe erforderlich ist.

3.5 Grundsätzlich darf ein Taucher, der unmittelbar nach seinem eigenen Taucheinsatz als Sicherungstaucher eingesetzt werden soll, nicht die maximal zulässige Tauchzeit ausschöpfen.

4 Handhabung der Austauchtabelle

4.1 Die Austauchtabelle gilt für das Austauchen nach mittelschwerer Arbeit. Hat der Taucher schwere körperliche Arbeit geleistet, ist die erforderliche Austauchzeit bei der nächsthöheren Tauchzeitenstufe abzulesen.

4.2 Entspricht die Aufenthaltsdauer im Wasser oder die erreichte Tauchtiefe nicht einem der in der Tabelle angegebenen Wert, ist für die Er-

Anlage 3 Maximale Aufenthaltszeiten unter Wasser (Austauchtabellen) 43

mittlung der Austauchzeiten der jeweils nächsthöhere Wert anzusetzen.

4.3 Die in der Tabelle angegebene Haltezeit beinhaltet die Zeit für den Aufstieg in die nächsthöhere Haltestufe bzw. an die Wasseroberfläche. Das bedeutet, dass die letzte Minute der jeweiligen Haltezeit für den Aufstieg auf die nächsthöhere Stufe verwendet werden kann.

5 Verhalten des Tauchers in der Zeit nach dem Tauchgang

5.1 Innerhalb von zwei Stunden nach dem Ende des Tauchgangs darf der Taucher nicht für körperlich schwere Arbeit eingeteilt werden.

6 Tauchen in Höhen von mehr als 300 m über NN bzw. Luftdrücken an der Tauchstelle unter 970 mbar

6.1 Beim Absinken des Luftdruckes an der Einstiegsstelle unter einen Wert von 970 mbar ist die Austauchzeit um die in der Tabelle 3 angegebenen Werte zu verlängern. Dies ist in der Regel bei einer Höhenlage der Einstiegsstelle von mehr als 300 m über NN der Fall; in Abhängigkeit von wetterbedingten Luftdruckschwankungen kann auch bereits früher – aber auch später – eine Korrektur erforderlich sein.

6.2 Die Berechnung der rechnerischen Tiefe erfolgt nach der nachfolgend beschriebenen Methode:
1. Bestimmen der tatsächlichen Tauchtiefe
2. Ermitteln der Höhe der Taucheinstiegsstelle in Meter über NN bzw. des Luftdrucks
3. Ablesen der rechnerischen Tauchtiefe aus Tabelle 3; die rechnerische Tauchtiefe ist der Wert, der im Schnittpunkt der tatsächlichen Tauchtiefe mit der Spalte der Höhenlage bzw. des Luftdrucks liegt.

Anlage 3 Maximale Aufenthaltszeiten unter Wasser (Austauchtabellen)

Beispiel:
Tatsächliche Tauchtiefe: 20 m
Höhenlage der Tauchstelle: 850 m
Rechnerische Tauchtiefe: 24 m
Der Wert für die rechnerische Tauchtiefe ist die Grundlage für die Ablesung der Austauchzeiten der Tabelle 2.

7 Wiederholungstauchen

7.1 Bei Tauchgängen, die in der Tabelle 2 in der letzten Spalte mit »ja« gekennzeichnet sind, ist innerhalb von 12 h ein weiterer Tauchgang (Wiederholungstauchgang) zulässig.
Die Ermittlung der Austauchzeiten und -stufen nach einem Wiederholungstauchgang ist auf die in den Abschnitten 7.2 und 7.3 angegebene Art und Weise möglich.
Bei Wiederholungstauchgängen im Tauchtiefenbereich > 7 m ist nach Möglichkeit, auch wenn nach Tabelle keine Haltezeiten erforderlich sind, eine Haltezeit von 3 min auf der 3 m-Stufe einzuhalten.

7.2 Zur Bestimmung der Austauchzeit und -stufen nach einem Wiederholungstauchgang wird die tatsächliche Zeitdauer des Wiederholungstauchganges um einen in der Tabelle 4 abzulesenden Zeitzuschlag verlängert. Dieser Zeitzuschlag lässt sich im Schnittpunkt der Spalte für das Oberflächenintervall mit der Zeile für die Tauchtiefe des Wiederholungstauchganges ablesen. Der Zeitzuschlag wird ausschließlich durch die Kenndaten des Wiederholungstauchganges vorgegeben, die Kenndaten des vorangegangenen Tauchganges werden durch den Vermerk in der letzten Spalte der Tabelle 2 berücksichtigt.

Berechnungsbeispiel:
1. Tauchgang: (20 m Tauchtiefe)
    (35 min Tauchzeit)
    = Wiederholungstauchgang möglich

Anlage 3 Maximale Aufenthaltszeiten unter Wasser (Austauchtabellen)

Wiederholungstauchgang:
    15 m Tauchtiefe
    30 min Tauchzeit
    90 min Oberflächenintervall
aus Tabelle 4: 70 min Zeitzuschlag
    = rechnerische Tauchzeit: 100 min
aus Tabelle 2: Austauchzeit 06:00 min, somit nicht zulässig!

Anmerkung: Die Werte in Klammern sind für die Ermittlung nicht erforderlich, sie dienen als Vergleichszahlen zur Berechnung in Abschnitt 7.3.

7.3 Abweichend von Abschnitt 7.2 ist die Ermittlung der Austauchzeiten auch nach folgendem Muster möglich:
Die beiden durchgeführten Tauchgänge werden zu einem zusammengefasst, indem die Einzelzeiten zusammengezählt werden und die im Verlauf beider Tauchgänge größte erreichte Tiefe angesetzt wird. Die Ermittlung der Austauchzeit erfolgt mit Hilfe der Tabelle 2.

Berechnungsbeispiel:
1. Tauchgang: (20 m Tauchtiefe)
    (35 min Tauchzeit)
    = Wiederholungstauchgang möglich
Wiederholungstauchgang:
    15 m Tauchtiefe
    30 min Tauchzeit
    (90 min Oberflächenintervall)
    = rechnerische Tauchzeit: 65 min
    = rechnerische Tauchtiefe: 20 m
aus Tabelle 2: Austauchzeit 21:30 min, somit im Rahmen dieser Regel nicht zulässig!

Anmerkung: Die Werte in Klammern sind für die Ermittlung nicht erforderlich, sie dienen als Vergleichszahlen zur Berechnung in Abschnitt 7.2.

Anlage 3 Maximale Aufenthaltszeiten unter Wasser (Austauchtabellen)

Tabelle 1: Maximale Aufenthaltszeit unter Wasser bei Tauchtiefen bis 10,5 m (in Minuten)

Tauchtiefe (m)	Oberflächenintervall*⁾ (in Stunden)		
	12	6	4
7,5	360	360	360
9,0	360	330	300
10,5	270	250	240*)

*⁾ Oberflächenintervall ist die Zeit zwischen Beendigung des ersten Tauchganges und Beginn des Wiederholungstauchganges.

Tabelle 2: Drucklufttabelle

Tauchtiefe 12 m

Tauchzeit	Aufstieg bis zur ersten Austauchstufe	Haltezeiten während des Austauchens auf den Austauchstufen (min)						Gesamtzeit der Dekompression	Wiederholungs-Tauchgang möglich
(min)	(min : sec)	18 m	15 m	12 m	9 m	6 m	3 m	(min : sec)	
165	1:00	-	-	-	-	-	-	1:00	Ja
170	0:45	-	-	-	-	-	3	3:45	Ja
180	0:45	-	-	-	-	-	5	5:45	Ja

Anlage 3 Maximale Aufenthaltszeiten unter Wasser (Austauchtabellen)

Tauchtiefe 15 m

Tauch-zeit	Aufstieg bis zur ersten Austauchstufe	Haltezeiten während des Austauchens auf den Austauchstufen (min)						Gesamtzeit der Dekompression	Wiederholungs-Tauchgang möglich
(min)	(min : sec)	18 m	15 m	12 m	9 m	6 m	3 m	(min : sec)	
80	1:15	-	-	-	-	-	-	1:15	Ja
90	1:00	-	-	-	-	-	3	4:00	Ja
100	1:00	-	-	-	-	-	5	6:00	Ja
110	1:00	-	-	-	-	-	7	8:00	Ja
120	1:00	-	-	-	-	-	12	13:00	Ja

Tauchtiefe 18 m

Tauch-zeit	Aufstieg bis zur ersten Austauchstufe	Haltezeiten während des Austauchens auf den Austauchstufen (min)						Gesamtzeit der Dekompression	Wiederholungs-Tauchgang möglich
(min)	(min : sec)	18 m	15 m	12 m	9 m	6 m	3 m	(min : sec)	
50	1:30	-	-	-	-	-	-	1:30	Ja
55	1:15	-	-	-	-	-	3	4:15	Ja
60	1:15	-	-	-	-	-	5	6:15	Ja
70	1:15	-	-	-	-	-	7	8:15	Ja
80	1:15	-	-	-	-	-	15	16:15	Ja

Anlage 3 Maximale Aufenthaltszeiten unter Wasser (Austauchtabellen)

Tauchtiefe 21 m

Tauchzeit (min)	Aufstieg bis zur ersten Austauchstufe (min : sec)	Haltezeiten während des Austauchens auf den Austauchstufen (min)						Gesamtzeit der Dekompression (min : sec)	Wiederholungs-Tauchgang möglich
		18 m	15 m	12 m	9 m	6 m	3 m		
35	1:45	-	-	-	-	-	-	1:45	Ja
40	1:30	-	-	-	-	-	3	4:30	Ja
45	1:30	-	-	-	-	-	5	6:30	Ja
50	1:30	-	-	-	-	-	7	8:30	Ja
60	1:30	-	-	-	-	-	15	16:30	Ja
70	1:30						20	21:30	Ja

Tauchtiefe 24 m

Tauchzeit (min)	Aufstieg bis zur ersten Austauchstufe (min : sec)	Haltezeiten während des Austauchens auf den Austauchstufen (min)						Gesamtzeit der Dekompression (min : sec)	Wiederholungs-Tauchgang möglich
		18 m	15 m	12 m	9 m	6 m	3 m		
25	2:00	-	-	-	-	-	-	2:00	Ja
30	1:45	-	-	-	-	-	3	4:45	Ja
35	1:45	-	-	-	-	-	5	6:45	Ja
40	1:45	-	-	-	-	-	7	8:45	Ja
45	1:45	-	-	-	-	-	10	11:45	Ja
50	1:45	-	-	-	-	-	15	16:45	Ja

Anlage 3 Maximale Aufenthaltszeiten unter Wasser (Austauchtabellen)

Tauchtiefe 27 m

Tauchzeit	Aufstieg bis zur ersten Austauchstufe	Haltezeiten während des Austauchens auf den Austauchstufen (min)						Gesamtzeit der Dekompression	Wiederholungs-Tauchgang möglich
(min)	(min : sec)	18 m	15 m	12 m	9 m	6 m	3 m	(min : sec)	
20	2:15	-	-	-	-	-	-	2:15	Ja
25	2:00	-	-	-	-	-	3	5:00	Ja
30	2:00	-	-	-	-	-	5	7:00	Ja
35	2:00	-	-	-	-	-	10	12:00	Ja
40	1:45	-	-	-	-	3	12	16:45	Ja
45	1:45	-	-	-	-	3	15	19:45	Ja

Tauchtiefe 30 m

Tauchzeit	Aufstieg bis zur ersten Austauchstufe	Haltezeiten während des Austauchens auf den Austauchstufen (min)						Gesamtzeit der Dekompression	Wiederholungs-Tauchgang möglich
(min)	(min : sec)	18 m	15 m	12 m	9 m	6 m	3 m	(min : sec)	
15	2:30	-	-	-	-	-	-	2:30	Ja
20	2:15	-	-	-	-	-	3	5:15	Ja
25	2:15	-	-	-	-	-	5	7:15	Ja
30	2:15	-	-	-	-	-	10	12:15	Ja
35	2:00	-	-	-	-	3	12	17:00	Ja

Anlage 3 Maximale Aufenthaltszeiten unter Wasser (Austauchtabellen)

Tauchtiefe 33 m

Tauch-zeit	Aufstieg bis zur ersten Austauchstufe	Haltezeiten während des Austauchens auf den Austauchstufen (min)						Gesamtzeit der Dekompression	Wiederholungs-Tauchgang möglich
(min)	(min : sec)	18 m	15 m	12 m	9 m	6 m	3 m	(min : sec)	
12	2:45	-	-	-	-	-	-	2:45	Ja
15	2:30	-	-	-	-	-	3	5:30	Ja
20	2:30	-	-	-	-	-	5	7:30	Ja
25	2:15	-	-	-	-	3	7	12:15	Ja
30	2:15	-	-	-	-	3	12	17:15	Ja

Tauchtiefe 36 m

Tauch-zeit	Aufstieg bis zur ersten Austauchstufe	Haltezeiten während des Austauchens auf den Austauchstufen (min)						Gesamtzeit der Dekompression	Wiederholungs-Tauchgang möglich
(min)	(min : sec)	18 m	15 m	12 m	9 m	6 m	3 m	(min : sec)	
10	3:00	-	-	-	-	-	-	3:00	Ja
15	2:45	-	-	-	-	-	3	5:45	Ja
20	2:45	-	-	-	-	-	7	9:45	Ja
25	2:30	-	-	-	-	3	12	17:30	Ja

Anlage 3 Maximale Aufenthaltszeiten unter Wasser (Austauchtabellen) 51

Tabelle 3: Korrekturtabelle für Tauchgänge in Höhen über 300 m (»rechnerische Tauchtiefe«) (siehe Abschnitt 6 der Erläuterungen)

Tatsächliche Tauchtiefe	Höhenlage/atmosphärischer Druck an der Tauchstelle					
	300–500 m 970–950 mbar	- 1000 m - 900 mbar	- 1500 m - 850 mbar	- 2000 m - 800 mbar	- 2500 m - 750 mbar	- 3000 m - 700 mbar
5 m	9 m	9 m	9 m	9 m	12 m	12 m
6 m	9 m	9 m	9 m	12 m	12 m	15 m
7 m	9 m	9 m	12 m	12 m	15 m	15 m
8 m	9 m	12 m	12 m	15 m	15 m	18 m
9 m	12 m	12 m	15 m	15 m	18 m	18 m
10 m	12 m	15 m	15 m	15 m	18 m	21 m
11 m	15 m	15 m	15 m	18 m	18 m	21 m
12 m	15 m	15 m	18 m	18 m	21 m	24 m
13 m	15 m	18 m	18 m	21 m	21 m	24 m
14 m	18 m	18 m	21 m	21 m	24 m	27 m
15 m	18 m	18 m	21 m	24 m	24 m	27 m
16 m	18 m	21 m	21 m	24 m	27 m	30 m
17 m	21 m	21 m	24 m	24 m	27 m	30 m
18 m	21 m	24 m	24 m	27 m	30 m	30 m
19 m	21 m	24 m	27 m	27 m	30 m	33 m
20 m	24 m	24 m	27 m	30 m	30 m	33 m
21 m	24 m	27 m	27 m	30 m	33 m	36 m
22 m	24 m	27 m	30 m	30 m	33 m	36 m
23 m	27 m	27 m	30 m	33 m	36 m	39 m
24 m	27 m	30 m	30 m	33 m	36 m	39 m
25 m	27 m	30 m	33 m	36 m	39 m	42 m
26 m	30 m	30 m	33 m	36 m	39 m	42 m
27 m	30 m	33 m	36 m	39 m	42 m	45 m
28 m	30 m	33 m	36 m	39 m	42 m	45 m
29 m	33 m	36 m	36 m	39 m	45 m	48 m
30 m	33 m	36 m	39 m	42 m	45 m	48 m
31 m	36 m	36 m	39 m	42 m	45 m	51 m
32 m	36 m	39 m	42 m	45 m	48 m	51 m
33 m	36 m	39 m	42 m	45 m	48 m	54 m
34 m	39 m	39 m	42 m	45 m	51 m	54 m
35 m	39 m	42 m	45 m	48 m	51 m	57 m
36 m	39 m	42 m	45 m	48 m	54 m	57 m

Anlage 3 Maximale Aufenthaltszeiten unter Wasser (Austauchtabellen)

Tabelle 4: Zeitzuschlag für das Austauchen nach Wiederholungstauchgängen (Siehe Abschnitt 7 der Erläuterungen)

Tauchtiefe des Wiederholungs-Tauchganges	Oberflächenintervall (in min)*								
	- 30	- 45	- 60	- 90	-120	-180	-240	-300	-360	-720
-15 m	110	90	80	70	60	50	40	30	20	15
-18 m	85	70	60	55	50	40	30	20	10	10
-20 m	65	55	50	45	40	30	25	15	10	10
-23 m	55	45	45	40	35	25	20	15	10	5
-26 m	50	40	35	35	25	25	15	15	10	5
-29 m	45	35	35	30	25	20	15	10	10	5
-32 m	40	30	30	25	25	20	15	10	10	5
-35 m	35	30	25	25	20	20	15	10	5	5

*) Oberflächenintervall ist die Zeit zwischen Beendigung der Dekompression des ersten Tauchganges und Beginn des Wiederholungstauchganges (angegeben in min).

Anlage 4 Anerkennung vergleichbarer Ausbildung

Für nachstehend aufgeführte Ausbildung ist die Anerkennung zum Feuerwehrtaucher der entsprechenden Stufe möglich. Vor dem Einsatz als Feuerwehrtaucher ist sicherzustellen, dass Personen mit einer vorgenannten Ausbildung die Bestimmungen dieser Vorschrift kennen und durch Teilnahme an praktischen Übungen unter einsatzmäßigen Bedingungen in das Feuerwehrtauchen eingewiesen sind.

Feuerwehrtauchen der Stufe 1
Freizeit-Gerätetaucher nach DIN EN 14153–2 »Selbständiger Taucher«
Freizeit-Gerätetaucher nach DIN EN 14153–3 »Tauchgruppenleiter«
Taucher gemäß GUV 10.7 (Regeln für Sicherheit und Gesundheitsschutz für das Tauchen in Hilfeleistungsunternehmen)

Feuerwehrtauchen der Stufe 2
Taucher der Marine gemäß MDv 450/1
Taucher des Heeres gemäß HDv 287/300
Taucher der Polizei gemäß PDv 415
Taucher gemäß GUV 10.7 mit der Fortbildung »Arbeiten unter Wasser«
Forschungstaucher gemäß ZH 1/ 540

Feuerwehrtauchen der Stufe 3
Geprüfter Taucher gemäß BGBl. 2000 Seite 165
Schiffstaucher der Marine
Pioniertaucher des Heeres mit Unteroffizierslehrgang

Anlage 5 Hinweise für Bildung eines Prüfungsausschusses

Der Prüfungsausschuss für die Feuerwehrtauchprüfung wird vom Leiter der Ausbildungsstätte berufen. Die Prüfung kann auch vor dem Ausschuss einer anderen vergleichbaren Ausbildungsstätte abgelegt werden.

Der Prüfungsausschuss für die Feuerwehrtauchprüfungen besteht aus dem tauchkundigen Leiter oder einem tauchkundigen Beschäftigten der Ausbildungsstätte als Vorsitzender, dem Leiter des Tauchdienstes und einem Feuerwehrlehrtaucher als Beisitzer. Ein weiterer Beisitzer kann aus dem Kreis der an der Ausbildung beteiligten Ausbildern berufen werden. Alle Ausschussmitglieder müssen sich im aktiven Dienst befinden.

Jens Rönnfeldt (Hrsg.)
Feuerwehr – Handbuch der Organisation, Technik und Ausbildung

2003. IX, 578 Seiten mit 254 Abb. und 83 Tab, zum Teil farbig. Kart.
€ 35,–
ISBN 3-17-015466-4

»Der Rönnfeldt« liefert in drei Teilen die fundierten Antworten von namhaften Praktikern und Spezialisten auf alle Feuerwehr-Fragen. Er informiert über die erstaunliche Bandbreite der Ausbildung, über Feuerwehrtechnik, organisatorische Strukturen und natürlich über die Menschen, die diese Technik beherrschen.

Das Buch bietet eine bequeme Möglichkeit, schnelle, präzise und verständliche Erklärungen zu erhalten. Brillante Bilder unterstützen die Textinformation. Derzeit gibt es wohl kein vergleichbares Werk, um sich mit vertretbarem Aufwand eine breitgefächerte Übersicht über das vielschichtige Thema »Feuerwehr« zu verschaffen und kompetent Antworten auf häufig gestellte Fragen zu erhalten.

Der Herausgeber, Brandoberamtsrat Dipl.-Ing. (FH) **Jens Rönnfeldt**, leitet bei der Branddirektion Frankfurt am Main das Sachgebiet »Einsatz- und Gefahrenabwehrplanung, Katastrophenschutz«. Von 1995 bis 2001 leitete er das Sachgebiet »Umweltschutz«. Anschließend hatte er die Leitung des Sachgebietes »Aus- und Fortbildung« inne.

▶ www.kohlhammer.de

W. Kohlhammer GmbH · Verlag für Feuerwehr und Brandschutz
70549 Stuttgart · Tel. 0711/7863 - 7280 · Fax 0711/7863 - 8430

Langner/Maaß/Jendsch

Presse- und Öffentlichkeitsarbeit der Feuerwehren

Arbeitsordner mit Handbuch und Checklisten, Formularen, Kopiervorlagen

5., überarb. Auflage 2004
Roter Ordner, 114 Seiten, DIN A4
mit CD-ROM
€ 56,–
ISBN 3-555-01312-2

Für eine moderne Feuerwehr ist es heute unumgänglich, eine planvolle und kontinuierliche Presse- und Öffentlichkeitsarbeit zu betreiben. Wenn der Bevölkerung ein positives und realistisches Bild über die Aufgaben und Aktivitäten der Feuerwehr vermittelt wird, ist sie auch eher bereit, den Brandschutz zu finanzieren.

„Diese in Zusammenarbeit mit namhaften Fachleuten der Feuerwehr erstellte Mappe besteht aus einer in der Praxis bereits erprobten Materialsammlung, die den Feuerwehren als Arbeitsunterlage und Leitfaden für eine gute und wirkungsvolle Öffentlichkeitsarbeit dient. [...] ein hilfreicher Begleiter für eine planvolle und kontinuierliche Presse- und Öffentlichkeitsarbeit."

(Der Feuerwehrmann)

Besonders wertvoll für den Nutzer wird das Werk durch die beigefügte **CD-ROM**, auf der neben Farbfotos und Vorlagen, **elektronisch ausfüllbaren** Formularen und Checklisten der gesamte Inhalt des Ordners verfügbar ist.

▶ **www.kohlhammer.de**

Deutscher Gemeindeverlag GmbH · 70549 Stuttgart
Tel. 0711/7863 - 7280 · Fax 0711/7863 - 8430